AF581437

VOYAGE

AU LABIRINTHE

DU JARDIN DU ROI.

Par Linguet

VOYAGE
AU LABIRINTHE
DU
JARDIN DU ROI.

A Monsieur ***

Le prix est de 12 sols.

A LA HAYE,

Chez LES LIBRAIRES ASSOCIE'S.

M. DCC. LV.

PREFACE.

PREFACE.

PREFACE.

VOYAGE

VOYAGE
AU LABIRINTHE DU JARDIN DU ROI.

JE veux te regaler, mon cher, du recit d'un Voyage que nous avons fait hier, un de mes amis & moi, qui surpasse de beaucoup le Voyage de Saint Cloud par Terre & par Mer; celui de Cirano dans la Lune, celui de Chapelle, & ceux de tant d'autres Voyageurs dont les noms ne ſont pas parvenus juſqu'à moi.

Tu vas peut-être te figurêr que c'eſt quelque rêverie Poëtique, & que nouveaux Dom Quichottes nous avons parcouru en idée les eſpaces imaginaires. Point du tout, c'eſt un Voyage réel qui nous a coûté bien des peines, & a été traverſé par bien des obſtacles : tu vas en juger.

Hier au ſoir donc, aſſaillis par mille refléxions, pour nous égayer, nous reſolumes d'aller faire un tour au Jardin du Roi, qui, comme tu ſçais, eſt fort voiſin de mon Logis.

Arrivez dans ce lieu champêtre...
Ah ! que ſi nous étions au tems
Où grace à l'aimable Printems
La nature ſemble renaître,
Je te ferais, mon cher Damon,
Une belle deſcription !
Que j'aimerais à te décrire
Les arbres, les fleurs, les gazons,
Des Oiſeaux les tendres chanſons,
Le Roſſignol & le Zephire
Et l'onde au Criſtal argenté;

Mais tu ſçais bien que la froidure
Regne encore ſur la nature,
Et ma préſence, en verité,
Ne produit ni fleurs ni verdure.
Peſte ſoit des triſtes hivers,
Peſte de la ſaiſon maudite
Qui contraire au feu qui m'agite,
Te dérobe de ſi beaux vers.

Pour revenir & ſuſpendre cęt entouſiaſme qui nous menerait trop loin : arrivés dans ce lieu champêtre, comme je t'ai déja dit, nous nous mimes à parler de choſe & d'autres: Moi léger, étourdi, riant aſſez de tout; D... au contraire grave & meſuré, avec ce talent singulier que tu lui connais pour ramener tout à la refléxion. La solitude, dit-on, inspire des pensées merveilleuses.

Nous débitions avec un ton
Digne des sages du portique,
Une Morale socratique;
Mais plus froide que la saison;
Passant l'univers en revue,
Notre sagesse morfondue
Traitait comme de pauvres fous
Tous les humains, excepté nous.
Dans l'accès de notre folie,
Du monde plaignant les travers,
Il nous prenait par fois envie
D'aller peupler quelques deserts.
Heureux, disions-nous, les saints hommes,

Qui ne vivent qu'avec les ours !
Ils passent doucement leurs jours,
Tandis qu'esclaves que nous sommes, ...
Le vent de Bise assurement
Qui nous soufflait dans les oreilles,
Nous inspirait en ce moment
Tant d'extravagantes merveilles.

Après avoir bien raisonsonné, philosophé, moralisé, il vint à mon ami une idée des plus heureuses. Montons, dit-il, au Labirinthe ; il y a long-tems que j'ai envie de faire ce Voyage, &..... c'est fort bien dit, lui repliquai-je, tandis que nos pas s'égareront dans ces détours, ton eſprit ſe perdra dans un Labirinthe de refléxions. Montons ſans differer, car nous nous y prenons un peu tard : en effet, il était près de quatre heures & demie. Nous nous mettons en marche ; mais par malheur la porte ordinaire étoit fermée. Ne nous décourageons pas, me dit D... qui eſt préparé à tous les évenemens de la vie : il faut retourner ſur nos pas, & tâcher d'entrer par un autre endroit : j'admirai la promptitude avec laquelle il avait imaginé cet expédient. Nous primes donc un autre chemin. Qui l'eût prévu que nous trouverions encore tant d'obſtacles ?

D'abord il fallait traverſer
Des ſables fangeux & mobiles,
Où nous ne pouvions quoiqu'agiles
Faire un ſeul pas ſans enfoncer.

La raiſon en eſt bien ſimple. Comme il avait gelé la nuit, les rayons du Soleil qui avaient fait tranſpirer la terre, rendaient le paſſage impraticable. Tu vois que je n'avance rien que je ne ſois en état de prouver, & que je ne reſſemble pas à ces Voyageurs qui vous débitent à tout propos des fables ſurannées, qu'on aime mieux croire bonnement que de s'en aller informer ſur les lieux.

Dans le bourbier juſqu'à mi-jambe, ne pouvant avancer : telle eſt me diſait mon ami,

Qui n'avançait pas davantage,
Du monde la ſenſible image.

C'eſt un ſable, un terrein mouvant
Où l'on enfonce à chaque inſtant :
C'eſt un bourbier où l'on s'engage,
Où l'on ſe perd de plus en plus,
Et qui nous bouche le paſſage
Du Labirinthe des vertus.

Tu prends bien ton tems pour moraliſer, lui dis-je, crois-moi ſortons d'ici, & renonçons à notre voyage. Lâche, s'écria-t'il d'un ton pathetique, on voit bien que tu n'es pas encore fait aux grandes entrepriſes, ni aux revers qui les accompagnent.

Je l'écoutais en ſilence,

me doutant bien que son esprit fécond allait lui suggerer quelque nouvelle ressource qui nous tirerait d'embarras : je ne me trompai point. Que l'on est heureux d'avoir pour compagnon de ses voyages, un de ces génies prompts & fertiles qui ne se rebutent de rien ! Montons, dit-il, sur cette Terrasse (tu connais la Terrasse qui domine sur des marais) elle nous conduira plus facilement au but de notre voyage. Il s'avance en même tems d'un air intrépide, je le ſuis. Il grimpe, je grimpe à ſon exemple. Voilà pourtant, m'écriai-je, à la vûe de ces marais, voilà les lieux

Qui produiſent tant de légumes,
Tant de choux & de champignons;
Tant de poreaux & tant d'oignons,
Tant de ſimples bons pour les rhumes.

J'allais enfiler une longue Kyrielle, mais un étourdiſſement qui penſa me jetter à la renverſe, m'arrêta tout d'un coup. Mon ami cependant ne laiſſait pas d'avancer : il marchait gravement ſur la périlleuſe Terraſſe, ſans s'embarraſſer ſi je le ſuivais ou non. Nous arrivâmes enfin, & nous deſcendîmes ſains & ſaufs.

Pour moi je me croiais au-deſſus de tous les dangers, mais le deſtin nous réſervait à bien d'autres traverſes. A peine avions-nous fait deux pas, que d'une cahutte voiſine nous vîmes ſortir

Un frere cadet de Cerbere,

Qui plus méchant que ſon aîné,
Se mit d'une voix aigre & claire,
A japer comme un forcené.
Quoiqu'il n'eût une triple gueule,
Le drôle avec la ſienne ſeule
Faiſait trois fois plus de fracas,
Que n'en fait ſon parent là-bas.

Envain, D... avec ſa tranquillité ordinaire, tâchait de lui faire entendre raiſon. Les careſſes ne faiſaient que l'irriter davantage.

Tel autrefois un fier Dragon,
Contre l'élite de la Gréce,
Contre l'amour & la ſageſſe,
Soutint l'honneur de la Toiſon.

Heureuſement j'avais dans

ma poche une Parodie nouvelle, dont je lui recitai quelques vers. Il ne put ſe défendre de leur charme ſoporifique.

Et las de réſiſter ſuccombant ſous
l'effort,
Il ſoupire, s'abat, ferme l'œil &
s'endort.

Ce n'était là qu'un premier obſtacle.

Sort auſſi-tôt un monſtre aîlé,
Noir, & de blanc entremêlé,
Qui babillant comme une femme;
Vint encor nous chanter ſa gamme;
Il voltigeait autour de nous,
Avec ſon bec il faiſait rage,

Voulait nous barrer le paſſage,
Nous lutinait comme des fous.

Nous étions deſeſperez, & tout prêts pour cette fois à rebrouſſer chemin, quand par bonheur il apperçut de loin

Un petit Abbé jouvenceau
Qui ſe promenait avec grace,
Auſſi-tôt nous quittant la place,
Il s'échappe, ne fait qu'un ſaut,
Et plein d'une nouvelle audace
Court le tirer par ſon manteau.

Tu vas prendre tout cela pour du fabuleux, ſans doute, mais je vais bientôt te déſabuſer. Ce Cerbere que

que nous avons endormi, c'eſt un petit chien qui gardait la cahute : le monſtre ailé, c'eſt une Pie ; ainſi tu ne dois pas t'étonner que cet animal qui aime tant à jaſer, nous ait quitté ſi bruſquement pour aller caqueter avec ce jeune Abbé.

Quoi qu'il en ſoit, débarraſſé de ces monſtres, nous avancions gayement vers le Labirinthe, en remerciant le Ciel de nous avoir délivré de tant de périls, lorſque

Soudain se présente à nos yeux,
Que son aspect seul intimide,
Un mont dont le sommet rapide,
Portait sa tête dans les Cieux.

Mon ami rappellant son courage, s'élance, & bientôt atteint au sommet. Pour moi je crois qu'un Dieu le poussait par derriere, tant il montait avec agilité, malgré les refléxions qui le surchargeaient, & dont le poids aurait dû le précipiter.

Au bas du mont je le contemplais s'élever, & fesais des efforts pour le suivre, comme un Aiglon qui essaie son vol en regardant ſa mere qui parcourt l'eſpace des Cieux.

Cependant à force de gravir des pieds & des mains, j'étais déja preſque au milieu,

Lorſque tout-à-coup quittant priſe,
Je tombe, roule avec fracas,
Et me retrouve tout en bas;
Tu peux juger de ma ſurpriſe.
Trois fois dans un tranſport jaloux
Je recommençai l'eſcalade,
Trois fois après mainte caſcade,
J'allai meſurer les cailloux.

D... aſſis tranquillement ſur la cime de la montagne, me voiait rouler du haut en bas ſans la moindre émotion : il alloit même juſqu'à me débiter des lambeaux de Morale, comme d'une Tribune. Ami, diſait-il,

Ami, qu'il eſt doux pour le ſage
De pouvoir contempler du port,
Des mortels en butte à l'orage
Tenter un généreux effort.
Avant que d'arriver au terme,
On trebuche plus d'une fois,
Heureux qui toujours ſtable & ferme,
Se ſoutient par ſon propre poids.

J'étais moins en humeur d'écouter de ſi beaux axiomes, que de faire proviſion de pierres pour en accabler l'Orateur. Heureuſement pour lui mon dernier effort ne fut pas inutile. Je ſurmontai enfin la petite butte qui m'avait arrêté juſques-là, & mon Compagnon me felicita gravement ſur un ſuccès auſſi glorieux.

Après m'être repoſé quelque tems, nous nous engageâmes dans les routes du Labirinthe, où nous nous égarions à l'envi. Si j'étais Poëte ou menteur, je te dirais que

Nous trouvâmes dans ſes détours
De Silvains une maſcarade,
Mainte Nimphe, mainte Driade,
Qui ſe racontaient leurs amours.

Mais comme je ne ſuis ni l'un ni l'autre, je te dirai tout ſimplement que nous nous amuſions beaucoup à courir, à nous perdre, à nous retrouver. Mon ami même commençait à s'égaier : mais je me ſouviens qu'une fois il s'arrêta tout hors d'haleine pour me dire avec un ſérieux tout-à-fait ſingulier :

C'eſt ainſi, mon cher, qu'on s'égare,
En courant après le bonheur.
Le ſentier qu'on croit le meilleur
Eſt celui qui nous en ſépare :
Une ſeule route y conduit ;
A nos yeux s'en préſentent mille,
Nous choiſiſſons la plus facile,
L'apparence ainſi nous ſéduit.
Ainſi nous errons dans ce monde
Entourez d'une nuit profonde
Pour ſuivre une ombre qui nous fuit.

Dégagé de ce gros ballot de Morale qui l'appeſantiſſait, il ſe mit à courir plus légerement.

De détours en détours nous nous trouvâmes dans une allée qui avait quelque choſe de plus agréable que les autres. L'air qu'on y reſpirait me ſemblait plus doux. Peut-être que mon imagination remplie alors de fantomes gracieux, lui prêtait des charmes qu'elle n'avait pas.

Plein de ces riantes chimeres
Dont quelquefois je me répais,
J'errais dans ces lieux ſolitaires;
Mes yeux leur trouvaient mille attraits;
Déja ma rapide penſée
Confondant mille objets divers,
Me tranſportait dans l'Eliſée
Sous des ombrages toujours verds.
J'y voyais dans ma rêverie

Des Bouquets de fleurs couronnés
Qui parfumaient une prairie ,
Séjour des Amans fortunés.

J'allais voir encore bien d'autres extravagances, lorsque je vis mon ami qui s'était tenu éloigné de moi quelque tems. Il tenait une espéce de Livre qu'il parcourait d'un air dédaigneux. Ce Livre , c'étaient les Tablettes d'un Auteur jadis tragique , remplies d'Epitalames , de Bouquets , de Romances & d'autres fadaises semblables. Je sentais bien ;

m'écriai-je auſſi-tôt, qu'il y avait je ne ſçai quoi dans ces lieux qui me retenait. C'eſt ſans doute quelque Poëte qui ſera venu y évertuer ſa muſe, & y aura laiſſé ces exhalaiſons d'amour & de folie que le froid a empêché de s'évaporer, & qui déja ſe communiquaient à mon cerveau. Mais que prétends-tu faire de cela ? Je veux, me dit-il ſerieuſement, publier que je les ai trouvées ; & je ſuis ſûr que l'Auteur ſera aſſez indiſcret pour les réclamer. Comme la choſe ne valait pas la peine de nous arrêter, nous ſortimes de l'allée, après avoir gravé ces vers ſur l'écorce d'un arbre :

Fuyez ce ſéjour dangéreux,
Quelque charme qui vous attire,
Jeunes Auteurs qui vous mêlez d'écrire.
Un Poëte a laiſſé ſon eſprit dans ces lieux.

Enfin, nous arrivâmes au haut du Labirinthe d'où l'on découvre Paris & les environs. C'eſt quelque choſe d'étonnant, mon cher, que la quantité de Maiſons, de Clochers & de Moulins qu'on apperçoit de-là. Je trouvais ce ſpectacle fort beau, fort intéreſſant, & j'y emploiais tous mes yeux autant qu'ils pouvaient s'étendre, mais D... ſçait tirer profit de tout.

Vois, me dit-il, cette fumée
Qui s'éleve par tourbillons
De deſſus les toits des maiſons,
Et ſçaches ce qui l'a formée;
De nos grands ce ſont les projets,
Les intrigues de nos Coquettes,
L'eſprit de nos petits Collets,

De nos M... les amourettes ;
Ce ſont les vers de nos Auteurs,
Les fortunes de nos Actrices,
Et pour finir par les Couliſſes,
Les airs fendans de nos Acteurs.

Eh ! point du tout, lui dis-je en riant, cette fumée ſort des cheminées que tu vois.

N'apperçois-tu pas encore dans le Lointain, ajouta-t-il bruſquement ?

Ces Moulins qu'agite le vent
Avec une vîteſſe extrême ;
L'homme, mon cher, tourne de même.
Nous ſommes des Moulins à vent,
Que l'haleine d'une Maîtreſſe,

Que le souffle d'un vain désir
Contraint de tournoyer sans cesse,
Et voilà d'où naît cette ivresse
Que nous prenons pour le plaisir.

Il allait m'en débiter encore bien d'autres, si je ne l'avais interrompu. Tout cela est fort bon, lui dis-je, mais je t'avertis que la place n'est plus tenable. Il fait un vent qui glace : crois-moi, descendons, de crainte d'attraper quelque rhume qu'on ne guérit point avec de la Morale. Effectivement, il commença à sentir que le froid redoublait, & que le manteau de la Philosophie ne pouvait le mettre à l'abri de ses atteintes. Ainsi nous descendîmes de compagnie bien plus vîte que nous n'étions montés : nous ne trouvâmes plus ni le Chien, ni la Pie, ni l'Abbé. Il n'y avait que deux extravagans comme nous, qui pussent se trouver en hiver à cinq heures & demie du soir dans le Jardin du Roi. Nous le traversâmes en jurant de bon cœur contre la fureur des Voyages, & nous regagnâmes chacun notre Logis.